和果子

〔日〕薮光生 著

虞辰 译

新星出版社 NEW STAR PRESS

新经典文化股份有限公司
www.readinglife.com
出　品

WAGASHI

鹤龟

TSURUKAME (crane and tortoise, a symbol of longevity)

白色和绿色的练切馅拼接在一起粘晕，然后包入馅料。
在一个和果子上同时呈现鹤与龟两种灵物，
既表达了对春天来临的庆祝，又有祈愿长寿的美好心愿。

4

红梅

KOBAI (red ume blossom)

在正红色的练切馅里揉进白色的练切馅，

包入馅料，再用布巾捏出造型，最后拿勺子刻画出花瓣的形状。

象征独放于百花之先的可爱红梅。

草饼

KUSAMOCHI (mugwort rice cake)

将春天的艾草芽碾碎，掺进米糕中捣匀。

草饼有两种，一种将馅包裹在内（如图），另一种则把馅或黄豆粉撒在米糕表面。

艾草可以药用，自古以来还被认为可以驱邪。

樱饼

SAKURA MOCHI (rice cake with bean paste wrapped in a salted cherry-blossom leaf)

盐渍樱叶有种独特的清香，米糕在其包裹下也染上了这种香味。

樱饼分两种，一种是将面胚染成淡红色，稍加烘烤后卷入馅料的"烧皮樱饼"（如图）。
另一种是把道明寺粉皮染红，包入馅料的"道明寺樱饼"。

鲇

AYU (sweetfish-shaped pancakes)

以鸡蛋、砂糖和面粉的混合物作外皮，烙成椭圆形后加入求肥，
然后把外皮对折用工具烙出鱼头、鱼尾的形状。
鲇鱼休渔期结束时开始做。是一款属于夏天的和果子。

葛馒头

KUZUMANJU (bean paste wrapped in kudzu jelly)

"葛馒头" 裹上樱树的绿叶就成了夏日的和果子 "葛樱"。

葛粉加水、砂糖，揉成团，包入馅料后上锅蒸至表皮透明。

馅料有小豆、抹茶、梅等多种，不同颜色透过透明的葛粉显得晶莹剔透，看着十分清爽。

栗鹿之子

KURIKANOKO (bean paste encased in glacéd chestnuts)

这款和果子形似小鹿背上的斑点，因此得名"鹿之子"。

用大纳言①或莺都蜜渍豆作馅，再将蜜渍栗子粘在馅上制成。

"栗鹿之子"是秋天的代表和果子。

①小豆中颗粒较大的品种。

栗蒸羊羹

KURIMUSHIYOKAN (steamed bean paste with chestnuts)

和"栗鹿之子"一样，都是秋天的和果子。

羊羹大体可分成两种，一种是"蒸羊羹"（如图），起源于室町时代，

在馅料中掺入面粉、葛粉等搅拌均匀后蒸熟而成；

另一种是"炼羊羹"，在寒天液中加入馅料，熬好后倒入模具冷却凝固而成。

相传"炼羊羹"起源于江户时代。

柚子馒头

YUZUMANJU (yuzu-scented steamed bun stuffed with bean paste)

面团中加入了香橙^①皮的"蒸馒头"，香气诱人。

把馅料包入面团后，用筷子在面团顶端夹压出小洞，

再用竹帚在面团表面扎出香橙外皮一样的小孔。果蒂用绿色的练切馅做成。

①日本称"柚子"。

靥馒头

EKUBOMANJU (dimpled bun stuffed with bean paste)

正月或节庆时做的蒸馒头，主要原料是山药，故属于"山药馒头"。
将馒头中央压凹，以红色炼切馅点缀，代表微笑时的酒窝。

前言

我们常说："吃了和果子，人人笑开颜。"的确，几乎没有人吃着和果子还会发火。

如果说人们一展笑颜是因为吃得满足，那么和果子作为专为闲情逸致而生的点心，所追求的就是极致的"美味"。

但要做出极致的美味绝非易事。

"馅"是和果子的精髓。调制馅料是非常精细的工艺，一百个人会做出一百种味道。

从原料的选择，到熬煮时的用水、锅具、去涩、揉馅力度、浸泡、砂糖的种类和使用、蒸煮熬制时的温度和时间控制等等，在这每一道工序里，制作者的个性都会使馅料的味道发生微妙的差异。

而正因为手工制作的个性差异，才会让人产生共鸣。因此，在商店街不少小店都难以维持的今天，和果子店还能坚守下去。

　　不过，和果子的魅力绝不仅限于它的"美味"。要真正挖掘它的魅力，就会发现蕴育出果子的日常环境、日本人的生活文化，不仅是其表象的意义，甚至有更深层、潜在的多样性。

　　不管是否自觉地意识到了，日本人心灵深处的季节感深刻影响着人们的日常生活。

　　而和果子手艺人极尽所能地表现季节感，也正寄托着日本人的心。

因此才有人评论说，和果子虽然只是一种食物，但表现季节感的制作工艺、方法和创意都是极具艺术性的，连结着文化和生活。

　　日本特有的时令和节日，如正月、节分、女儿节、春分秋分等一年中的惯例仪式都与和果子有千丝万缕的联系。

　　甚至，从一出生到长大成人过程中的一系列重要日子，如生日、"七五三①"、入学、毕业、结婚等，和果子也必不可少。

　　另外，在名胜古迹、一般的门前町和城下町出售的

①日本每年十一月十五日为五岁男孩、七岁和三岁女孩举行的祝贺仪式。

和果子，都包含着源远流长的当地特色。

和果子与茶道的渊源也值得一提。茶具与其他物品的组合使用是茶道重要的一环，而和果子在这中间扮演着重要角色。

和果子还可以拉近人心。拜访他人时，人们通常会把和果子作为伴手礼，表达心意。

如此种种，不难看出，与和果子有关的方方面面，都源自日常生活，是日本人心灵的寄托。

在上千年的历史源流中，和果子是随着日本人的生活一起发展演变的。

希望这些内容能为大家在品尝和果子时再添一份情致。

目录

和果子的历史

"果子[①]"除了满足人们的口腹之欲，更重要的是可以营养精神，丰富内心。

换句话说，果子是只有人类才懂得享受的食品。

在遥远的古代，日本人依靠智慧做出特别的食物，又在不断的继承和发展中，借鉴吸收来自中国唐代、东南亚的舶来食品的味道和做法，并结合本土的风土人情，融入日本人独有的情绪和感觉，才蕴育出了独一无二的和果子。

漫长的历史时代中，和果子的发展大致有以下几个阶段：

①古代，果实、水果的时代

---

①糕点、点心。

②米糕、团子等加工技术不断发展的时代

③唐果子传入的时代

④茶道盛行的时代

⑤南蛮果子传入的时代

⑥战争结束后的江户时代

⑦洋果子传入的明治维新时代

最初的果子是指天然树木结出的干果或水果，和现在这些漂亮的果子相去甚远。

农耕时代的古人靠种植糯米、粳米、小米、麦子等农作物和猎捕山野的鸟兽、河海的鱼虾来果腹。当然，他们也会采摘野果"古能实"（干果）和"久多毛能"（水果）来食用。

如今的果子就源于这些干果和水果。

但还有另一种传说。

第十一代天皇垂仁天皇为了寻求所谓的"非时香具果"，命令田道间守前往传说中长生不老的乐土"常世国"（位于中国南部和印度之间）。

据说，田道间守克服千难万险，终于找到了这种果子，并在九年后，把它带回了日本。但当他回到国内时，垂仁天皇已经驾崩。于是，他把一半果子献给太后，另一半供奉在奈良尼之辻的天皇陵前，自己也在陵前殉死了。

田道间守进献的果子其实是橘子。后来，第四十五代天皇圣武天皇在位时，他曾在诏令中写道："橘乃果子之首，人之所好"，这就是"果子"这一说法的最初由来。把橘子带回日本的田道间守也因此被奉"果祖神"（如今兵库县丰冈市中岛神社里供奉的就是田道间守）。

据由平安时代中期学者源顺编撰，成书于承平年间（公元九三一至九三八年）的日本最古老的百科全书《倭名类聚抄》中记载，"果蓏"包括：石榴、梨、柑、榛、栗、椎子、榧子、松子、杏、苹果、桃、李、橘、橙、柚、梅、柿、枇杷等。而"蓏"类则包括了瓜、青瓜、白瓜、黄瓜、冬瓜、茄子、木通、丘角菱、莲子、覆盆子等。

其中"果菰"是上古时代重要的食物。最初，人们从树上摘下果子直接食用，后来把它们晒干储存起来。

当时的人们还想尝试柞树、橡树的果实，因为太涩无法下咽，便学会了把它们碾碎后过水去涩的方法。去除了涩味的果实粉末可以调成糊，搓成团子煮食。这就是粉制食品，即"团子"的起源。

由此可知，当时的人们已经学会了用火。发掘出土的大量石器、土器中有很多用来碾、捣、熬、煮、蒸的器具，可以想见，加工食品从上古时代就已经存在了。

日本最早的加工食品是"饼①"，在《倭名类聚抄》中记作"毛知比"或者"持饭"。

米糕自古就被当成神圣之物。根据九州的《丰后国风土记》所述，第十二代天皇景行天皇在位时，召菟名手来到丰前国（现福冈县东部和大分县北部地区），到达时正值拂晓，天边飞来一群天鹅聚集在村子里。当菟名手把这番景象指给随从看时，天鹅化作了米糕，少顷又化作了芋草。菟名手把此事上报给了朝廷，于是有了

---

① 米粉制成的有弹性的食物，中国多称米糕，若无特殊说明，书中提到的米糕均指"饼"。

"天之瑞物，地之丰草，治国之丰国"的记载。

论起和果子的起源，虽不可不提干果与水果，但笔者还是认为团子和米糕才是和果子真正的的源头。

"饴""甘葛煮"等则被人们用作甜味剂。

《日本书纪》记载，第一代天皇神武天皇曾下诏："吾今当以八十平瓮，无水造饴，饴成，则吾心不假锋刃之威，坐平天下。乃造饴。饴即自成。"之后统一了天下。饴是日本人发明的古老甜品，也写作"糖"，两者都读作"ame"，但在《日本书纪》中则读作"tagane"。

此时的饴，应该是用发芽的稻米做成的。在《倭名类聚抄》中，亦有"说问云饴，米糵为之"的记载。直到现在，人们还会用米做麦芽糖销售，过程中完全不使用砂糖。

另一种甜味剂是"甘葛煮"，《倭名类聚抄》中记载着"千岁蔂之汁，状薄如蜜又甘美"。"千岁蔂"到底是什么植物如今尚无定论，但一般认为是葡萄科中一种类似常春藤的植物。将其碾碎后熬干，就成了"甘葛煮"。

在砂糖传入之前的漫长岁月里，"甘葛煮"一直是贵重的甜味剂，清少纳言的《枕草子》中也有"刨冰加入甘葛作料，盛装在新的金属容器内"的记载。

随着时间推移，中国文化通过朝鲜百济传入日本，在促进文化交流的同时，也为日本带来了佛教。公元六三〇至八九四年间，日本派遣遣唐使出使中国的次数高达十九次。

这些遣唐使把许多东西带回了日本，其中就有"唐果子"。

唐果子有的是用糯米、粳米或者面粉揉捏而成，有的则是在大豆、小豆粉里加盐后油炸而成。

古文献中有明确记载的八种唐果子是：梅枝、桃子、餲餬、桂心、黏脐、饆饠、䭔子、团喜等。此外，米糕类的果子有餢飳、糫饼、结果、捻头、索饼、粉熟、馄饨、饼餤、馎飥、鱼形、椿饼、饼饷、粔籹、煎饼等十余种。

人们根据果子的形状、味道等为其命名，唐果子多用来祭神，直到如今，春日大社、八坂神社、下鸭神社、热田神宫等地依然用它们作祭神的贡品。

唐果子的传入，在形状和做法上都为和果子的发展带来了巨大的影响。

时光流转，到了镰仓时代初期，日本临济宗的开山祖师荣西禅师从宋朝带回茶树，开始在日本种植，自此，饮茶之习蔚然成风。

梅子　　　　　　　　　　　　餀子

梅子甲　　　　　梅子乙　　　　　侧面　侧面

桂心　　　　　　　　　餲餬

上面　　　　　　侧面

黏脐　　　　　　　　　　　　团喜

　　　　　　　餫饠

"茶道"由此流行起来。与此同时，茶点也成了人们的热衷之物。茶点的制作工艺不断发展，基本奠定了现代和果子的基础。

　　到了室町时代，茶会上两顿正餐之间出现了一种叫"点心"的小吃。它的名字就是取"使'心'多一点余裕"之意。

　　点心分为三类："羹""面""馒头"。据说，羹类包括猪羹、羊羹、白鱼羹等四十八种，其中"羊羹"原是羊肉熬汤制成。佛教传入后，日本出现了不吃肉食的习俗，因此，人们把小豆粉、面粉等混合蒸制，替代羊肉，做成珍贵的蒸果子，后世称为"蒸羊羹"。

　　打栗、煎饼、栗粉饼、麸烧等果子的名称也出现在当时的记载中。

　　不久后，马可·波罗撰写的《马可·波罗行记》于一三〇七年问世，引起了当时被称做"南蛮人"的葡萄牙人、西班牙人和"红毛人"荷兰人、英国人对日本的兴趣，并纷纷来访。自天文十八年（一五四九年），传教士圣方济各沙勿略踏上日本的土地开始，以贸易为目的的荷兰商船纷至沓来。

　　随之，被叫做"南蛮果子"的杏仁蛋糕、卡斯提拉、金平糖、有平糖、鸡蛋素面、饼干、面包等也陆续传到日本。其中，以面粉为主要原料的卡斯提拉、圆松饼、饼干、面包，以及主要原料为砂糖的金平糖、有平塘、蜂窝糖、鸡蛋素面等在南蛮果子基础上做成的点心，至今仍深受人们欢迎。

此时，日本开始进口砂糖。这极大改变了过去以饴、甘葛煮为甜味剂的格局，对果子的种类、味道和制作工艺的发展也有深远的影响。

时代继续前进，我们来到了江户时代。

这一时期不能不提的事件是，德川幕府结束了长久的战乱，统一了国家，开启一个没有战乱的和平时代。

战时的食品供不应求，平民百姓根本吃不到果子。而到了和平年代，人们有了品尝果子的余裕，促使果子的做法和工艺都有了显著进步。与京都的"京果子"相对应，江户的"上果子"诞生了。两者互相影响、竞争，进一步促进了果子的发展。

社会变迁造成了人际交往的频繁，大名轮流到幕府任职时都会献上果子，这类地方之间的交流，更给果子的发展注入了动力。

"寒天"（详见一一四页）的出现便是在德川幕府第

四代将军德川家纲在位期待间。蒸羊羹里加入寒天，便可做成炼羊羹。以此为代表，果子的制作技艺不断发展创新，融入江户时代独特的文化，精巧程度与现代和果子几乎无异。

这一点也体现在果子的名称上。《古今名物御前果子秘传抄》（享保三年，一七一八年）、《古今名物御前果子图式》（宝历十一年，一七六一年）、《果子话船桥》（天保十二年，一八四一年）等介绍果子制作方法的书籍中，罗列了"落雁""馒头""卡斯提拉""芝麻饼""烧馒头""外郎饼""羊羹""葛饼""草饼""求肥""松风""柚饼"等诸多名称，还有"唐锦""春霞""桔梗""霜红梅""未开红"等。由此可见，江户时代的果子确已成了一种独立的食物门类。在其后的两个世纪中，果子获得了极大的发展，为现代的和果子所继承。

明治时代，随着新政府解除锁国令，西方的文明和物产如潮水般涌入日本。此前，日本的点心被简单统称为"果子"，而这一时期，各种各样的西式点心传入日本，催生了"西洋果子"这一叫法。为了以示区别，"和果子"的叫法在明治十二年（一八七九年）左右出现了。

各类西洋果子被不断引进，在日本生根发芽。不可否认，西洋果子的制作工艺进一步促进了和果子的发展。

其中，最为显著的变化就是烤箱等电器的引入。

随着这类电器的引入，人们研究开发出了许多以面粉、鸡蛋为原料的烘焙类果子，如"桃山""栗馒头""卡斯提拉馒头"等。

就这样，和果子先后受到唐果子、南蛮果子、西洋果子的影响，在继承发扬传统技法的同时，不断改进和发展，形成了和当代基本无异的制作工艺。

进入昭和时代，《国家总动员法》于昭和十三年（一九三八年）颁布，两年后，砂糖开始实行配给制度。统制经济造成果子生产的显著衰退。战后，昭和二十五年（一九五〇年），政府解除了对果子类的价格限制；昭和二十七年（一九五二年），面粉和砂糖的限制也被废除，原料有了充足保证，果子制做业也迅速复兴，直至今日走上飞跃之路。

和果子用语

原料

练切馅 原料以白馅为主，和入求肥做成。

白馅 煮熟的白小豆捣烂后过筛滤皮做成。

求肥 在白玉粉、羽二重粉等上等米粉中掺入砂糖，兑水熬煮而成。

熟粉 原料以白馅为主，加入米粉、面粉蒸制而成的面胚。

锦玉羹 将寒天煮化后加入砂糖或麦芽糖熬煮，倒入模具凝固而成。

外郎 米粉等谷物粉中掺入砂糖，热水调匀后蒸成。

金团 豆类馅料过筛滤成细絮状。

雪平 求肥中加入蛋清、白馅、淀粉后做成。

漉馅 煮熟的小豆捣烂后过筛滤皮做成。

溃馅 煮熟的小豆捣烂后做成（不去皮）。

黄味馅 白馅中加入蛋黄熬煮而成。

莺馅 煮熟的青豌豆捣烂后过筛滤皮做成。

做法

粘晕 将双色的练切馅粘在一起，轻揉接处，使颜色柔和过渡。

包晕 用一种颜色的练切馅包裹另一种颜色的练切馅，使接处柔和过渡。
依包裹方法不同，在表面呈现出多种颜色组合。

布巾绞 用布巾包裹面胚，绞拧成形。

手型 为和果子塑形时，不使用模具等工具，直接用手揉捏。

工具

三角篦 三棱柱形的工具，三条棱分别为细线、粗线和双重线，是做和
果子的基本工具。（见右图）

竹帚 将细竹丝束在一起的工具。可用来勾勒牡丹花瓣等线条，或扎出
橙皮的坑坑洼洼状。

用三角篦刻出花瓣的形状。
实为工匠的绝妙技艺。

第一章

体现季节之美的和果子

桃

MOMO (peach)

淡粉色的外郎里包入桃馅，捏成饱满的桃子形。
叶子用练切馅制成。

福梅

FUKU-UME (plum blossom)

以白色练切馅包裹红色练切馅，揉成淡粉色。
之后用勺子刻出花瓣的线条，添上花蕊。

38

莺

UGUISU (bush warbler)

将抹茶色和白色的练切馅揉合粘晕，包入黄味馅。

用绢布巾绞拧成黄莺形，嵌入黑芝麻做眼睛。流线形的果子非常可爱。

油菜花

NANOHANA (rapeseed blossom)

外郎里放入莺豆，再包上黄味馅捏成团。
在面团中央按出凹陷，撒上黄色絮状金团，
做成油菜花的样子。

40

櫻

SAKURA (cherry blossom)

以白色练切馅包裹红色练切馅，再包入樱花味的溚馅。

置于平板上微微压扁，揉搓成花瓣形，

以三角篦刻出花瓣线条，用模具印上樱花的形状，最后点缀花蕊。

西王母

SEIOBO (peach of the goddess Seiobo)

一种传统的和果子，象征中国长寿之神西王母园中三千年一结果的蟠桃。

据说吃了这种桃能长生不老、驱魔辟邪。

传说西王母的诞辰是三月三日[①]，因此是女儿节必不可少的果子。

果子由练切馅做成，色彩鲜艳。

---

①3月3日为日本女儿节。

42

水仙

SUISEN (narcissus)

将白色练切馅中央染黄，包馅后捏出大致形状。
用三角篦刻出花瓣，装点黄色练切馅作为花蕊。
俨然一朵开在早春的水仙花。

早蕨

SAWARABI (young fiddlehead fern)

将绿色和白色的练切馅揉合，包入漉馅，揉捏成纺锤形。

将面胚从中央切开，形成的两个尖端分别卷曲成蕨菜叶形。

右下粘上罂粟籽，拟作泥土。

花衣

HANAGOROMO (cherry-blossom-viewing robe)

将红、黄、绿三色练切馅层叠后压平，

表面再覆一层白色练切馅，切成四方形，包入黄味馅折叠。

象征春临大地，花草萌发。

配色活泼明艳，袖口一般的外形，让人不禁联想到人偶身上的和服。

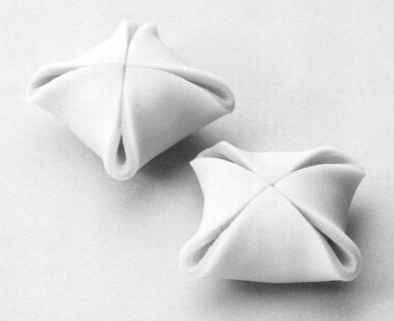

春之野

HARU NO NO (spring field)

白馅和山药一起熬煮，制成的山药馅。

馅料染成绿色——春野里油菜的颜色，

再用细筛滤成絮状，将溃馅包在里面。

最后置一只"蝴蝶"，表现暖意洋洋的春天。

樱花

OUKA (cherry-blossom)

用小豆色练切馅包裹棒状漉馅,

切段,表面烤至微焦,

最后装饰上一朵樱花。象征春天樱花盛开的景象。

享受四季

日本四面环海，植被覆盖率高，变幻的四季之美是世界上独一无二的。

"山笑"是俳句中的一个季语①，意指春天的山。因为春天来临时，融化的雪水滋润了被枯木覆盖的山林，春日的阳光照射下来时，整座山仿佛都浮现出了笑意。

"山滴"则用来形容夏日里水珠从岩壁或苔藓上滴落的情景，这个词本身就让人感受到丝丝凉意。到了秋天，树木纷纷披挂上或红或黄的叶子，山坡仿佛铺上了锦缎，这被称作"山妆"或"山彩"。冬天，树木叶子落尽了，山坡失去了色彩，又或者被白雪覆盖，安静得仿佛沉沉睡去，故而叫"山眠"。

日本人如此细腻的感受和表达，便是源于日本美丽

---

①俳句中表现四季变迁的词语。

的四季吧。

生活在现代社会的人们，或许不再像以前那样为季节的更替感慨万千。取暖设备的普及也驱走了冬日的严寒。

从前人们对春天的期盼，恐怕是远远超过现代人的想象吧。

在农耕为生存之本的时代里，春天的到来，意味着一年中农耕的开始。同时由于在寒冬里只能靠纸糊的门窗阻挡寒风，人们对温暖的渴望才格外迫切。

冬天越是寒冷，宣告春天到来的莺啼声就越是悦耳，萌发的新芽也愈发让人移不开视线。

和果子正是在这样的四季中被蕴育出来的。在春天的脚步还未靠近时，人们通过象征春天的和果子来体会春的气息，通过具象化的创意和造型感知春天。

表现季节的和果子可分两类。

一类是随时令制作的"应季"果子。

从正月的"花瓣饼"开始，"草饼""柏饼""水羊羹""葛馒头""水馒头""栗蒸羊羹"等，都是到了特定时节才会出现在店里。时令一过就从橱窗里消失，直到下一年的此时才会重新出现。

另一类和果子是用练切馅、熟粉做的表现季节的和果子。用同样原料，根据表现方式的不同而呈现出不同的外观。

清晨地面上的冰雪尚未完全消融的早春时节，人们便开始做福寿草、蜂斗菜样子的和果子。不用多久，和果子又会被压制成梅花形。再之后，山茶花、桃花、樱花形的和果子也纷纷出现。初夏伊始，鲇鱼、紫阳花、瞿麦等寓意流水的和果子登场了。到了秋天，和果子又会变成月亮、大雁、胡枝子、菊、红叶等花木的样子。而冬天的和果子多表现残菊、枯野、初雪。

这里列举了极小部分的和果子。四季流转，和果子也始终相应地改换着模样。

在日本，人们对季节更替的感知非常敏锐。春夏秋冬自然变化分明，即便是春，也可以细分成初春、仲春和晚春。

将春夏秋冬每个季节再细分为六个阶段，就有了"二十四节气"。

春天有立春、雨水、惊蛰、春分、清明、谷雨六个节气，夏、秋、冬也如此。

将每个节气再细分，就有了"七十二候"，一年中每五天为"一候"。例如春分节气又被分为"东风解冻""蛰虫始振""鱼陟负冰"。

一般的和果子店会以二十四节气为基础，变换店铺里果子的样式。也有一些店会遵循七十二候做果子。

即便自己没有意识到，季节更替的影响也是蛰伏在日本人潜意识里的。和果子诞生在日本，理应与季节紧紧相连。即便在冷冻、栽培技术显著进步的今天，人们越来越难以在蔬果店和鱼铺里感受季节变化，日常生活也几乎失去了季节感以及专属于某个季节的风景。但小小的和果子依然默默反映着时令的变化，诠释着日本的四季。

紫阳花

AJISAI (hydrangea)

雪平内包白馅，中央压凹，堆放紫青色的锦玉羹碎块。

添上做成叶片形的绿色羊羹。

水羊羹

MIZU-YOKAN (soft adzuki bean jelly)

与炼羊羹相比，水羊羹使用的寒天较少，熬煮的时间也较短，
口感柔软、清爽，入口即化。
是夏天的绝配。

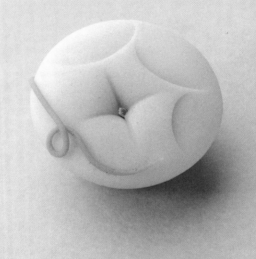

朝颜

ASAGAO (morning glory)

这是在夏日清晨开放的牵牛花。

以红色练切馅嵌入白色练切馅，再包入内馅。

将面胚中央压凹，点缀锦玉羹代表清晨的露珠，更添了几分娇艳。

枇杷

BIWA (loquat)

在橙色的外郎中央轻轻压出小窝，
嵌入绿色的外郎后包入内馅，揉搓出枇杷的造型。
为了让内馅有枇杷籽的感觉，加入了蜜渍虎豆。

花菖蒲

HANASHOBU (iris)

紫色的练切馅一端揉入白色练切馅，再包入少许黄色练切馅。
用布巾绞拧塑形，三角篦印刻花瓣纹路，
最后添上绿色练切馅的叶片，一朵花菖蒲就做好了。

夏牡丹

NATSUBOTAN (summer peony)

以白色练切馅包裹红色练切馅，再包入黄味馅。

用三角篦将中间黄色馅刻出花蕊线条，再用竹帚沿三个不同方向刷出细纹。

最后缀上一滴锦玉羹做成水滴，表现雨后盛开的牡丹。

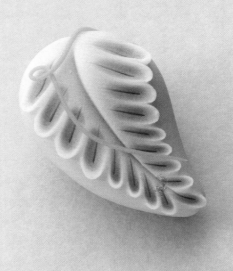

藤

FUJI (wisteria blossom)

以白色练切馅包裹紫色练切馅，再包入滗馅。

将面胚捏成纺锤形，用三角篦刻出线条，

压棒压出放射状纹路，用针在纹路上划出细线。

俨然一枝风中摇曳的紫藤花。

青梅

AO-UME (young plum)

用练切馅来表现初夏结果的梅子。

绿色练切馅上局布揉入少量黄色练切馅，然后包入青梅馅。

接下来可用三角篦刻出线条，在面胚顶部捏出尖头；

或拿筷子压出凹洞做底，再用三角篦刻线条，两种表现方式。

河原抚子

KAWARANADESHIKO (dianthus flower)

淡红色和白色的练切馅揉合粘晕，包入漉馅。
将面胚揉成圆柱形，用三角篦刻出石笼一样的纹理，
再粘上用模具压刻出的红色练切馅瞿麦[1] 花。
状如河边护岸的石笼，令人联想到河滩景色。

_____

[1] 日本称"河原抚子"。

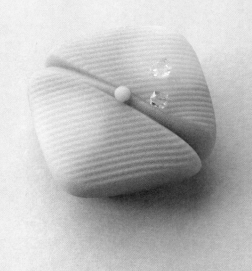

四葩

YOHIRA (hydrangea)

在紫色练切馅两端揉入白练切馅，再包入漉馅。

面胚置于带纹路的平板上压出直线条纹，三角篦刻出对角斜线。

绿色练切馅做花蕊，再装饰上代表水滴的锦玉羹碎块。

四葩是紫阳花的别名，这款和果子着重表现它的花瓣特点。

酸浆

HOZUKI (Chinese lantern flower)

一到夏天，各地的"酸浆市"都开张了。其中以东京浅草寺最为著名。

将红色和黄色练切馅揉捏在一起，包入内馅，用布巾搅拧成酸浆果的模样。

因为制作时力道的不同，果子的黄色部分会有微妙差异。

果名的文化

"和果子是五感的艺术",是日本和果子协会第二代会长、虎屋^①第十六代传人黑川光朝提出的。

作为一种食品的和果子被称为"艺术",听起来未免有些狂妄,但事实上的确如此。

所谓"五感",无须多言,指的是视觉、触觉、味觉、嗅觉、听觉。

视觉,对所有食物来说是共通的。当一枚和果子摆在眼前,我们首先感受到的就是色彩、形状、原料。"好像很好吃""到樱花开放的季节了""很清凉"之类的印象都是经由视觉获得的。这里并不单指外形漂亮的和果

---

① 日本最古老的和果子品牌之一,创立于500年前室町时代的京都。

子，也包括平淡无奇的团子、大福，让人产生想吃的欲望就完成了第一步。

和果子的软硬可以通过手的触碰，或者用"果子杨枝"①感受，这便是"触觉"。把和果子含在口中，齿舌间的感受也是触觉的一部分。

和果子界有一个专业用语叫"口溶"，意思是看似黏黏的果馅入口即化。这种独特的口感就叫"口溶"，也是触觉的一种。

味觉，毋庸置疑是品尝食物最重要的感受了。

嗅觉对和果子来说倒不是那么明显。和果子，基本上只有米、小豆等原料的微微香气，材料中有香橙、肉桂、山椒的话香味会更浓一些。

---

① 专门用于切食和果子的工具。

不过，也正是因为日本人有这种觉察微弱香气的感性，才蕴育出了和果子。

日本人自古以来就对气味非常敏感。平安时代，有人可以凭借衣服上的熏香在暗夜里分辨出来者何人；对气味细腻的感性渐渐成了教养的一部分，并由此发展出了"香道""闻香"等文化。

这和茶道也有着很深的渊源。茶会上，香气不及茶香的和果子既能衬托出茶的魅力，同时也能彰显自己的存在感。

最后是听觉。听觉之于食物，会加强味觉的体验。例如煎饼，张口咬下去会发出"咔嚓"的声响。

但咀嚼和果子时，并不会发出这样清脆的声响。

黑川先生认为，从听觉上感受和果子，不在于食用时发出的声音，而在于每种和果子的名字。

通过名字，可以了解这种果子的由来，这样品尝时就更添一分滋味。

怎样为和果子命名

给和果子命名，要考虑方方面面的因素。

首先是和果子店铺。像"××屋的××"这样直接冠以店名的名称，在羊羹、最中、馒头等果子中十分常见。一些历史悠久、信誉良好的老字号，或多或少都有一些代表性的和果子，有些果子甚至成了店铺的代名词。

其次是和某地的名胜古迹或地名相关。例如某地有一株叫"薄墨樱"的名树，当地的羊羹就被命名为"薄墨羊羹"。还有许多和果子是以地名命名的。如东京的向岛有"长命寺樱饼""言问团子"，爱知县的名古屋有"纳屋桥馒头"，静冈县有"安倍川饼"，岩手县有"南部煎饼"，和歌山县有"那智黑"等。

世界上其他地方也有给果子起名字的。

一些是以皇帝、女王或著名建筑的名字命名。不过，几乎每种果子都有自己的名字，可以说是和果子独有的特征。

每种果子的命名都绝不随意。它们来自于短歌、俳句，或是当地的历史传说、气候风土。更多的名字，是当地和果子店店主和手艺人在日常生活和年节祭祀时所取的。

例如名为"练切"的和果子,是在白馅中揉入①蒸熟的山药、求肥等制成练切馅,再经过精细加工而成的。

　　每年的一二月,和果子店里都会摆出象征"梅"的果子,名字从一目了然的"梅""白梅""红梅""黄梅",到"此之花""未开红""咲分"等,花色繁多。

　　其中也有"东风""菅公梅""飞梅"这样的名字。春天驱走了冬日的严寒,柔和的风从东方或东北方吹来。菅原道真有和歌"东风唤来梅花香,无主不能忘春来"便是这果名"东风"的出处了。

　　菅原道真以爱梅著称,他功勋卓著,却因谗言被流放到福冈县的大宰府。去往大宰府的路途非常孤寂,随行只有一名门生和两个幼童。这首和歌就是菅原公在途中所咏。传说因同情主人的遭遇,原本种在菅原府的梅花一夜之间飞上了大宰府的枝头。"菅公梅"便是指"菅原道真公的梅花",而"飞梅"则指飞落到大宰府枝头的梅花。

　　夏天一到,名为"冰室"和果子便登场了。明明是夏天,却为何叫"冰室"呢?因为在从前的这个时节,各地会把冬天制成的冰从冰室里取出,上供给宫廷消暑。

①日语中"揉入""揉进"的动作、做法写作"練り込む"。

《日本书记》中有这样的记载：第十六代天皇仁德天皇的兄长额田大中彦皇子在大和国（现奈良县山边郡）野外狩猎时发现了一个房子，里面残留着未化的冰块。后来，他模仿那房子，挖了约一丈深的洞穴，洞底铺上厚厚的黑三棱、榧子树叶，叶子上堆满冰雪，夯实，再仔细地盖上草堆。到了夏天，洞里仍有冰块未融，他就把这冰块进献给了天皇。到了镰仓时代，每年的六月一日，天皇会把冰块赐给臣下，因此这一天也就成了"冰之朔日"。

　　藤原定家有一首和歌："虽夏秋风起，冬残冰室山。"这里的"冰室"就成了日后和果子名称的由来。

　　秋天是红叶的季节，与红叶有关的果子开始出现。除了"秋山路""锦秋""松间之锦""深山锦"这些形容山野红叶的名字外，还有"竜田""龙田""竜田野""竜田川"这样的名字。它们应该出自于在原业平的和歌"遥遥神代时，黯不曾闻。枫染龙田川，潺潺流水深"[1]，以及高田式部的"立田姫在雨中行，每至秋日来，红叶尽染桥"。

---

[1] 引自《小仓百人一首》，刘德润著，外语教学与研究出版社2007年。

过去，竜田川（大和川流经奈良县西北部的支流）是赏红叶的胜地，因此常常出现在和歌中，后来演化成了和果子的名字。

　　顺带一提，春之女神是"佐保姬"，因此春天的果子里也有一款名为"佐保姬"。

　　听到这些和果子的名字，脑中就不由得浮现出相关的情景由来和历史典故。

　　和果子不单要在唇齿间品尝，果名带来的想象更让人在享用时倍添愉悦。可以说这是日本特有的文化。

　　直至今日，和果子都有自己专属的独特名字，其中不少都以所在地的名胜或历史为由来。

　　在寻访和果子店铺时，听一听这些果名的来历，也是一大乐趣。

柿

KAKI (persimmon)

用外郎做成果实，练切馅做成柿蒂。

象征丰收秋季里饱满的柿子。

果皮的一部分稍稍染成红色，代表柿子已经熟透。

锦秋

KINSYU (autumn splendor)

以红、黄、绿三色练切馅包入栗子馅，

将面胚用绢布巾绞拧塑形。

果子绿黄红三色相间变化，正如多彩的秋日山野。

栗拾

KURIHIROI (chestnut)

以小豆练切馅包入栗子馅，将面胚揉捏成栗子状。

面胚中央按凹，顶端捏尖。

将炒焦的米粉粘在果子底部，宛如一颗真正的栗子。

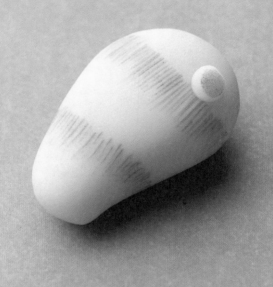

里之秋

SATONOAKI (autumn in the countryside)

以山药练切馅包入小豆馅，揉成芋头的形状。

用肉桂表现芋头表面的纹理，再添一个小突起作为芋仔，

让人在秋天食欲倍增。

稻雀

NASUZUME (sparrow in a rice field)

宛如一只停落在饱满稻穗上的麻雀。

红豆色练切馅掺入大纳言碎粒，同白练切馅揉合粘晕，

用绢布巾绞拧成雀鸟的形状。

粘上黑芝麻做眼睛，白芝麻做雀羽上的稻穗。

菊华

KIKUKA (crysanthemum)

淡红色的练切馅中央塞入深红色的练切馅，再包入绿色香橙馅。
用三角篦刻出十六等分的线条，再用压棒和针勾勒出花瓣的形状。
在果子中央点缀上黄色的花蕊。

时雨
SHIGURE (rain shower)

将小豆馅滤成絮状，
掺入栗子块后揉捏成形。
口感清淡正如时有时无的秋雨。

里桔梗

SATOGIKYO (chinese bellflower)

将紫色和白色的练切馅揉合粘晕，包入小豆馅。

用绢布巾绞拧成形，三角篦刻印出桔梗的花瓣线条。

布巾拧出的细小布纹正好表现花瓣的细纹。

红叶
KOYO (autumn leaf)

将红褐色和黄色的练切馅揉合粘晕,包入漉馅。

用三角篦刻画出叶茎线条,用针刻画叶脉。

合似一片秋日红叶。

富有柿

FUYUGAKI (fuyu persimmon)

用练切馅来呈现极具秋意的柿子。
黄褐色练切馅与橙色练切馅揉合粘晕，包入柿子馅。
再装点上练切馅做的果蒂。

栗馒头

KURIMANJU (chestnut-stuffed bun)

馒头表面抹上一层蜜渍栗泥，再包入一整颗蜜渍栗子的烘焙果子。

包入内馅后于馒头顶端刷一层蛋黄，放进烤箱烘烤。

刷了蛋黄的部位会烤成深色，正如栗子壳的颜色。

手艺人的技艺与个性

　　说到和果子体现出的技艺和个性，人们的认知往往会停留在华丽、精美、写实、生动等表面的视觉感受上。

　　但和果子不仅是用于观赏的艺术品，更是为了满足人的味觉需求，因此美味可口理应排在第一位。

　　技艺和个性，有的可以看在眼里，有的则看不到。

　　那么看不到的技艺和个性又是什么呢？

　　因为工作关系，笔者曾有机会品尝出自一百位和果子手艺人的一百种山药馒头。口味自然有好有差，但只看外观都很可口。

　　其中，我认为最好吃的那十个馒头也不全然相同，它们透露出十位手艺人与各家店铺的个性，值得细细品味。用同样的材料做成的同一款果子，为何味道差异会如此之大呢？

原因有很多，先以"馅"为例来说明。

馅的原料是小豆，同是产自北海道的小豆，品质也是有差异的。我们看小豆本身的特性就能理解了。

北海道的小豆都在五月末六月初播种，此时田间的地面温度在十摄氏度左右。种子约在两周内发芽，其后以每周一片新叶的速度生长。不久后开始分枝，过了七月中旬自下部开花。

小豆的花期可以持续一个月左右，根据天气情况，有时可以延长到一个半月。

花落了便开始结果，长出小小的豆荚。开花后的四十天左右，豆子长到最饱满，就可以收获了。而由于小豆花期是从一个月到一个半月，结果的时间也有早有晚。

同一株豆苗上既有刚结的嫩豆，也有熟透了的老豆。

甚至同一片地里收获的也混杂着不够饱满或晒得过干的各种豆子。更不要说有的豆子采摘时正当季，有的则在最佳收获时间一周到十天后才被摘下。这些因素都造成了豆子品质的差异。

另外土壤的品质和田地的位置也会影响豆子的质量。

如果把这些品质各异的豆子一起煮，就做不出好的馅料，因此必须甄选色泽、形状、大小都相近的豆子，并以此区分品质等级，再卖给各家和果子店。

即使同一片田里收获的豆子，也要按颗粒大小仔细甄选，区分出品质相对一致的，这是在长期实践中形成的最稳妥的做法。

即便经过了这般精挑细选，小豆的品质也有参差。会受该年日照时间等气候因素的影响。

豆子的差异会对馅料产生哪些影响呢？具体来说有很多，例如小豆表皮中的单宁和皂苷有苦味和涩味，它们也影响着小豆的风味。两种成分的形成与生长环境有极大关系。和果子手艺人必须尽可能去除单宁和皂苷，这个过程叫"去涩"。而去涩的方法也有很多种。

烹煮去涩，是在水沸腾前，还是沸腾后？沸腾后煮几分钟？去除到什么程度？在这些方面，每个手艺人都有自己的做法。

考虑到小豆出产的年份不同，去涩的手法也略有不同。

这就是为什么做同一种馅料，一百人会有一百种味道。

和果子手艺人要克服种种困难，才能做出始终美味如一的馅料。

同时，虽然做和果子，都有类似米粉多少克、砂糖多少克的配比方案，但在高温湿热的夏季、寒冷干燥的冬天以及舒适宜人的春秋两季，用量也会略有差异。手艺人会敏感地捕捉到这种微妙差异，进行修正，提供给食客始终如一的味觉体验。

这种内在差异是表面无法看到的，而每位和果子手艺人的技艺和个性就体现在发现并修正这种差异的过程中。所以说，这是看不见的技艺。

另一方面，精致的外观和绚丽的色彩也是和果子不可或缺的。用练切馅、熟粉等做出各种反映季节风情的和果子，同样是技艺和个性的体现。

表现季节的和果子分两种，一种是将练切馅等馅料放入木质的模具压制而成的"型物"，另一种是手工技法辅以小篦等工具做成的"手形物"。

与书画一样，果子是通过手艺表达自己的内心世界的艺术。

例如做一款初夏鸢尾花形状的和果子。

有的手艺人会把练切馅用布巾绞拧出形状，做出一朵抽象但很有视觉冲击力的"鸢尾花"。

而有的手艺人会将"鸢尾花"的形状、叶脉等细节认真呈现，看起来栩栩如生。

我们很难判定孰高孰低。表现手法千差万别，个性亦由此体现。很多和果子店里的果子都有传承几代的即定形状。

从师父到徒弟，从前辈到后辈，形状虽是固定，但只要实际做的人不同，即便是手把手教，也做不出完全相同的东西。其中必然会掺入制作者本人的个性。了解这些个性差异也是享受和果子带来的乐趣。

手艺上，"无法做出完全相同的两样东西的趣味"和"无法复制相同东西的压力"是一体两面的。即使同一人做的同款和果子，也会有微妙的差别。

即使凭手感就能掂量出克重的老手艺人，也会在按压、拧扭、刻画等工艺环节上，由于用力、拉伸、包裹方式的不同，造成普通人不易觉察的细小差异。失之毫厘，就不会完全相同了。

只有了解了做不出完全相同的和果子的有趣和压力，才能继续克服困难，去做同一款和果子，磨炼出普通人可感、可见的手艺。

不少人会问了，手工制作的魅力究竟是什么呢？

在机械高度发达的现代社会，机器虽能在一平方厘米上精确施加一克的力，却无法做到在一平方厘米上轻触施加零点零一克的力。而人可以做到。

这么说可能有点牵强，以饭团为例可能更易理解。

用手捏的饭团，不太硬也不太软，力道恰到好处。吃的时候米粒不会散落下来，同时还切实地保持着疏松的颗粒感。

果然，只有人才能把力度掌握得如此精妙，与用模具做出的饭团一比高下立见。

这种微妙的口感差异，正是手工制作的魅力所在。

此外就是不可忘却的技艺和个性的传承。

老字号的招牌和果子，一眼便知是哪家店的哪个品种。

这就是在长久历史中，比原材料、精致程度、品质差异更显著的，不断做出令人满意的和果子店的技艺和个性的不同。它们展示了和果子的丰富与多样性的同时还诉说着日本这块土地上蕴育出的传统的味道。

莺饼

UGUISUMOCHI (bush warbler rice cakes)

求肥中包入内馅，再撒上草绿色的黄豆粉做成的米糕果子。

由于黄莺也叫"报春鸟"，这款和果子一般在立春时节推出。

椿饼
TSUBAKIMOCHI (rice cake wrapped in camellia leaves)

道明寺外皮中掺入肉桂调味（有时会将肉桂换成白色调味料），包入漉馅。
上下各放一片山茶①叶。椿饼在《源氏物语》中也出现过。

①日本称"椿"。

土笔

TSUKUSHI (horsetail shoot)

白色的山药馒头粘合一点绿色的山药馒头，包入漉馅后蒸熟。

也有人叫"织部馒头"，但织部馒头没有特定的上市时节。

这款印着问荆①的纹样，因此是春天的和果子。

①春草，日本称"土笔"。

山茶花

SAZANKA (camellia)

将红色和白色的练切馅揉合粘晕，包入漉馅。

面胚稍稍按成扁圆形，用三角篦刻出花瓣线条，一侧捏出茶梅[①]特有的褶皱。

将绿色和白色的练切馅贴合压平压薄，用模具印出叶子形。

---

①日本称"山茶花"。

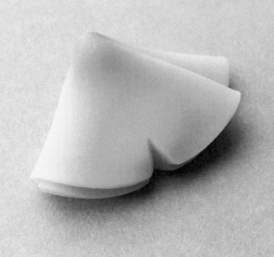

银杏

ICHOU (ginkgo)

黄色练切馅中心粘一点绿色练切馅,将面胚压擀成圆形。

加入黄味馅后折叠成银杏叶的样子。

恰似秋日道路旁翩然飘落的银杏叶。

姬椿

HIMETSUBAKI (miniature camellia)

象征在冬日严寒中开放的娇俏的山茶花。
白色和红色练切馅揉合在一起，
用手和三角篦做出造型，最后添上黄色的花蕊。

100

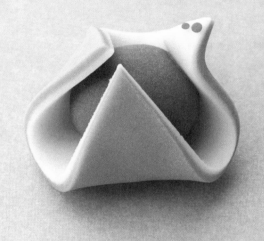

万两

MANRYO (christmas berry)

抹茶色和白色练切馅黏合后压平展开，切成三角形，包入漉馅，

将外皮向内折叠，一角粘上两个用红色练切馅搓成的小球。

白练切馅代表白雪，衬着三角形的叶子，呈现了和果子世界里独有的抽象之美。

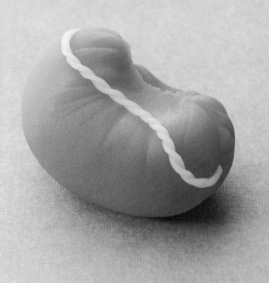

御来光

GORAIKO (rising sun)

橙红色练切馅中央嵌入黄色练切馅后粘晕开，
用绢布将面胚中部绞拧成形，表现初春朝阳中两块岩石间升起的瞬间。

雪兔

YUKIUSAGI (snow rabbit)

在白色练切馅内包入绿色香橙馅,揉成一端稍尖的椭圆形,
用篦子刻出圆弧的线条作为兔子的后肢,压棒压出耳朵的形状,
用白色练切馅揉成小球粘在后面作为尾巴。以红色羊羹点出眼睛。

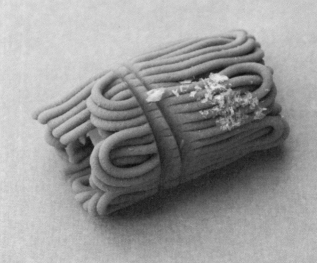

冬支度

FUYUJITAKU (winter firewood)

象征冬季严寒的一款和果子。形似寒冬里放进围炉取暖用的一捆柴。

做这款果子要用到一种叫"小田卷"的工具，将小豆色的练切馅滤成细条，
缠卷在内馅上，最后撒上冰饼^①碎屑代表霜。

①日本寒冷地区以米糕泡水冷冻后寒风风干，干燥保存。

冬

ⅢRAGI (holly)

将抹茶色和白色练切馅揉合粘晕，包入内馅。

用三角篦刻出线条，呈现两片重叠的叶子。

用针划出叶脉，装饰上两个红色练切馅小球。

和果子的材料

和果子的材料大半来源于植物。

有小豆、芸豆、手亡豆等豆类，有糯米、粳米、米粉、面粉等谷类，还有糖、山药、芝麻、葛、寒天等。来源于动物的材料最常用的就是鸡蛋。

要说其中最具代表性的，就是豆类、米粉、糖和寒天了。

豆类

豆类是做和果子不可或缺的材料，尤其是小豆，如果没有小豆，就不会有和果子了。

"小豆"的名称应该是对应颗粒较大的"大豆"，所以业内称之为"小豆"。

小豆是日本自古就有的农作物，关于它的生态情况却意外地没有什么相关研究。这大概是因为，世界上只有日本、中国、韩国等东亚国家才有食用小豆的习惯吧。

　　小豆本被认为是具有"阳力"的食物。所谓"阳力"，便是太阳的力量，可以驱邪。

　　任何生命都有赖于太阳，因此自然而然产生了对太阳的信仰。

　　人们似乎直接把红色等同于太阳的力量。

　　例如神社的鸟居、红白色的幕布等，作为具有驱邪力量的颜色，红色备受推崇。而能保存很久的红色小豆做成的红豆饭，也就顺理成章地被人们拿来在节庆日享用。

日语中有个词叫"地小豆"，意思是当地产的小豆。这说明小豆在各地都能栽培，从品质来看，"丹波""备中""北海道"等地的尤其出名。特别是北海道出产的更是独具风味，日本小豆中有百分之九十都来自北海道。

小豆的主要成分是淀粉，约占百分之五十七。不过这种淀粉形态比较特别，四五个淀粉粒子被膳食纤维包裹，形成颗粒状的"馅粒子"。

咬一口小豆馅就能明白，乍看黏糊糊的馅料却是入口即化，全然没有粘黏之感。马铃薯淀粉加入砂糖熬煮后会变得十分黏稠，但小豆淀粉不会如此就是因为有馅粒子的存在。大豆中则没有馅粒子。

那么馅粒子是怎样形成的呢？生长环境决定了生长情况的差异。一般来说，白天上升到一定温度，夜间保持凉爽，这样昼夜温差明显的环境是最为适宜的。因此，北海道产的小豆质量最好。

位于兵库县的丹波和北海道属于不同地域，那里的小豆主要种植在山里。山里昼夜温差大，因此也能出产优质的小豆和大纳言。

此外，白馅的原料白芸豆，特别是其中的"手亡豆"

也很常用。

"手亡"这个名字有点奇怪,它是白芸豆的一个品种。一般的白芸豆会有牵牛花一样的爬藤,因此需要支撑藤蔓的支架"手助"。但只有手亡豆是半藤蔓植物,不需要支撑的"手",故而被叫做"手亡"。手亡豆独特的黏性和风味奠定了白馅美味的基础。

其他用于白馅的原料,还有白小豆、大福豆、福白金时豆等品种。

另外,青豌豆常用在"莺馅"中,红豌豆则是做豆大福、豆羹和馅蜜①时不可缺少的豆子。

米粉

米磨碎而成的米粉有很多种类。做和果子时会根据它们不同的特性发挥不同的作用。有了发达的加工技术,即便只是磨成粉,也有不同的方法。

首先,粳米和糯米会磨出不同的米粉。把它们分别生加工和热加工后,米粉的性质也会存在很大差异。

①传统日式甜点。由寒天、蜜渍豆、团子、水果等组成,吃时会淋上黑糖熬制的蜜酱。

而磨出粉末颗粒大小的差异也导致弹性和黏性会有很大不同。

粳米生加工而成的米粉，有"上新粉"和"上用粉"两种。上新粉碾磨的颗粒较粗，吃起来很筋道，黏性大又柔软。上用粉比上新粉的颗粒要细。

与糯米生加工碾磨有点相似但略有差异的，是"求肥粉"和"白玉粉"。

糯米加水蒸熟，再经干燥后磨碎，就制成了"寒梅粉"和"道明寺粉"。

"寒梅粉"也叫"烧味甚粉"，是将糯米洗净后浸泡，然后控干蒸熟，捣成米糕，再将米糕烤干，最后磨成粉。

"道明寺粉"则是将糯米洗净后浸泡，蒸熟后晒干，直接磨成粉。

道明寺粉最初起源于大阪的寺庙道明寺，以"道明寺干饭"广为人知。

干燥后的道明寺干饭很轻，便于运输。加水泡开就能食用，故而在江户以前的战国时代，常被用作战时的兵粮。后来又被用在和果子上。

除了以上提到的米粉种类，还有"上南粉"。上南粉和寒梅粉一样都是先做成米糕，只是不经烘烤，直接磨成粉。

这些米粉各有不同的特性，做和果子时应该充分发挥优点，选用最合适的。

上用粉可以用来做山药馒头和外郎；上新粉常用于柏饼、草饼、团子等。

用糯米做的和果子有大福、馅衣饼、菱饼；用求肥粉做的有求肥、花瓣饼；寒梅粉则多用于打果子。

道明寺粉常用来做椿饼、道明寺樱饼和夏季和果子的代表"霙羹"等。

米粉能用在各种和果子上，除了上述品种，"黄味时雨""桃山"中也会掺入少量的米粉，起到独特的作用。

糖

糖不仅提供美妙的甜味，还能和其他成分结合，发挥重要作用。

糖遇上水就会产生保水性，防止水分蒸发散失。

也就是说物体中的水分会被糖吸附，不能自由活动。我们把这种水叫做"结合水"。反之，能自由活动的水叫"自由水"。自由水过多，就容易滋生细菌。

人们用水分活度来表示自由水的比例，水分活度在零点九 Aw[①] 以下，细菌基本就不能繁殖。

因此，糖能降低和果子中水分活度，有抑止细菌滋生的作用。

另一方面，糖能发生褐变反应。铜锣烧表面有一层恰到好处的焦黄色，这并不是烤焦了。要是烘烤成这么深的颜色，就会产生焦苦味，没法入口。

褐变反应是指氨基酸和糖分结合加热后发生的非酶褐变反应。因为这项反应是法国人美拉德（Maillard）发现的，因此也叫美拉德反应。

和果子就是巧妙利用糖的这个特性做出来的。

砂糖一般是甘蔗、甜菜经过压榨提纯后得到的高纯度精制物。

有人以为砂糖是经过漂白的，这完全是误解。这是提纯后结晶本身的颜色。但要以为砂糖是白色的，那就又错了。仔细看砂糖的颗粒，就会发现其实是透明的。透明的结晶在光的折射下，看起来就成了白色。

但即使是经过提纯的结晶，表面也会残留微量杂质。

---

①水分活性单位。

因此，结晶颗粒越大，纯度越高，杂质也就越少，甜味越纯正。

　　制糖方法各有差异，按结晶颗粒来分，颗粒最大的是冰糖，其次是白双糖、细砂糖和上砂糖。

　　和三盆糖也经常用来做和果子。

　　和三盆糖也叫"竹糖"。将甘蔗压榨熬煮得到褐色的粗糖，将其倒入一叠[①]大小的盆里，加水继续熬煮。得到的混合物装入布袋，让重物在杠杆的推动下继续压榨，冲走杂质。布袋中的剩余物继续加水提炼，这个过程叫做"研"。这样重复至少三次，故而被称为"和三盆糖"。

　　和三盆糖风味独特，颗粒极细，直接吃也非常美味。是做打果子和押果子时不可或缺的原料。最近人们又把和三盆糖用于做最中、羊羹等和果子，更加充分地发挥作用。

　　黑糖也是糖类中极具代表性的一类。

　　黑糖风味独特，出产于鹿儿岛至冲绳一带的离岛地区。由于是纯手工制作，每个岛屿做出的黑糖味道都略有差异。最近也出现了一些进口的黑糖，和本土的相比，

————————————

[①]一叠大约为1.65平米。

味道也不太一样。

寒天

寒天是由石花菜、真江蓠等红藻类中的黏性物质提炼而成，富含膳食纤维。它和西洋果子中经常使用的明胶看起来很像，但实质完全不同，明胶是动物性蛋白质。

寒天的起源可以追溯到"琼脂"。琼脂的做法据说是由平安时代的遣唐使带回日本的。此后，日本人开始食用琼脂。而发明寒天的，相传是京都旅馆美浓屋的主人太郎左卫门。

德川幕府第四代将军家纲时期，萨摩藩主岛津公去江户供职，途中住在美浓屋。美浓屋用琼脂招待了岛津公，剩下的就放在了屋外。冬天气候寒冷，琼脂冻住了。到了白天，冻住的琼脂溶化后水分流失，只剩下纤维。纤维经过水煮，溶化冷却后重又凝固。而流失的水分也带走了海藻的腥味。

太郎左卫门在这一发现后仔细琢磨，研究出了寒天的做法。

寒天的诞生，促使在当时的蒸羊羹外，又发展出了炼羊羹。此后被广泛地用于和果子中。

除了炼羊羹、水羊羹、锦玉羹外，许多和果子中也都会加入少量寒天。寒天成了做和果子不可缺少的材料。

第二章

日常中的

新鲜和果子

朝生果子

最近常有人把只在相关业界流通的"专业术语"当成日常语言使用。

在和果子的世界里，"朝生果子"正如其名，是在早晨做好，须当天食用的。草饼、大福、团子等为人熟知的生果子基本都是朝生果子。

米糕、团子等淀粉类的和果子，放得时间长了就会变硬。虽然多加具有保水性的砂糖可以防止这一点，但同时会破坏和果子本来的味道，反而得不偿失。如果利用添加剂（如防腐剂等）防止果子变质，又违背了做和果子的精神。

朝生果子，一般包括草饼、大福、团子等，随季节变化有不同的呈现方式。从价格上看，朝生果子相对便宜，更受普通大众欢迎。

另外还有些和果子若当天做当天吃，风味反而不能充分发挥。如栗馒头、唐馒头、东馒头、桃山等烘焙类和果子，隔天比刚做出来好吃。

　　烘烤过的外皮和内馅相互融合，这在业内被称为"后劲佳"。

　　和果子的世界里还有许多其他专业术语。

　　论馅料有"上割馅""中割馅""并馅"等词。

　　听起来似乎"上割馅"更高级，"并馅"比较普通[①]，事实上并非如此。

　　它们只是体现了砂糖用量的差异。和"并馅"相比，"中割馅"用的糖更多，"上割馅"则比"中割馅"的用糖量还要多。

---

① 日语中"并"写作"並"，有普通之意。

过去糖比较昂贵，为将放了很多糖的和果子区分出来，才有了这样的叫法。

此外还会依和果子的馅料种类来区分，如"并生果子"和"上生果子"的说法。"并生果子"就是"朝生果子"。

人们把用练切馅、熟粉做的应季和果子叫"上生果子"，这里的"上生"和"并生"也并不代表"高级"和"普通"。

还有一类和果子叫"食口物"。

这个词连专业人士也很难解释清楚。好不好看、是否手工制成都不重要，只要好吃的和果子就可以称作"食口物"。

还有"口溶"，这在前文介绍过，指的是食物入口即化的感觉。所有食物其实都能使用"食口物""口溶"来描述，界限相对比较模糊。

但是，业界用语毕竟是业界用语，还是用在专业领域最为妥当。要是在和果子店铺里装模作样问一句"今天有什么朝生果子呀？"旁人也会觉得不自然吧。

水无月

MINAZUKI (sweet traditionally eaten in the sixth month of the lunar calendar)

许多神社会在六月三十日举行"夏越袚",祛除上半年的罪恶和污秽,
同时为下半年的健康和平安祈福。这时,水无月就登场了。
平安时代,宫人们从冰室里取冰而食,消暑息灾。
水无月就象征这冰块。果子上撒了小豆,同样有驱魔除邪之意。

柏饼

KASHIWAMOCHI (rice cakes wrapped in oak leaves)

从秋天枯萎到春天发芽的这段时间里，槲树①的叶子不会落下，
故而被赋予了"子孙繁荣"的寓意。

因此到了端午，人们会把米糕裹在槲叶里食用，据说这就是柏饼的起源。

用米糕做成椭圆形外皮，包入馅料，捏成兜状。

馅料会根据外皮的颜色选择，白皮用小豆漉馅，红皮则会选择味噌馅。

---

① 日本称"柏"。

栗金团

KURIKINTON (sweet potato puree with chestnuts)

将栗子蒸熟、剥皮，捣碎用细眼滤网过滤。

滤后的栗肉加入砂糖熬煮，用茶巾绞出纹路。

除了栗子和砂糖外不添加任何东西，更能品尝出栗子的原味，

这就是栗金团的特色。

124

荞麦饼

SOBAMOCHI (buckwheat cakes)

掺入了荞麦粉的米糕包入溃馅，在铁板上烘烤而成。

荞麦的香气四溢，吃起来香脆可口。

黄味时雨

KIMISHIGURE (egg yolk and bean paste bun)

用黄味馅做成外皮，包入内馅后蒸至表皮开裂。
黄味馅的软硬、黏性和蒸汽强弱都会影响开裂的程度，
为了能形成漂亮的裂纹，制作时要特别留意。

萩饼

OHAGI (rice dumplings covered in bean paste or other coathings)

溃馅中四散小豆皮就像荻花，故而得名。

需米蒸熟，倒入开水调整软硬，捣至微烂，

包入漉馅或溃馅。还有一种是外皮上裹黄豆粉。

花见团子

HANAMIDANGO (skewered dumplings for cherry-blossom viewing)

红白绿三色的团子，专为赏樱时节而做。

上新粉加水揉匀后蒸熟，用臼捣成团子，可以有多种颜色。

但寒冬结束、新芽萌发、樱花始盛时一般会选择充满春天气息的颜色组合。

月见团子

TSUKIMIDANGO (moon viewing dumplings)

赏月时供奉的团子。

和花见团子一样，用上新粉加水揉匀后蒸熟，用臼捣成团子。

月见团子有两种，一种没馅，一种有馅。

供奉时会把团子层层堆成小山状。

下 **烤团子** YAKIDANGO (dumplings with sweet soy glaze)

中 **馅团子** ANDANGO (skewered dumplings with bean paste)

上 **草团子** KUSADANGO (mugwort dumplings)

烤团子是在白团子表面淋上甜辣味酱油。

馅团子是在白团子表面抹上滗馅。

草团子则在白团子里加入了艾草汁，再在表面撒上溃馅。

这三种团子各地都有，是属于平民百姓的和果子。

131

胡桃饼

KURUMIMOCHI (rice cake with walnuts)

将上新粉、糯米粉、黑糖、上砂糖、葛粉等材料拌匀，上汽锅蒸熟。
包入滗馅，用竹帘压出纹路，继续上锅蒸至表面光亮。
最后装饰上烤熟的核桃仁。

铜锣烧

DORAYAKI (pancakes stuffed with sweet beans)

"三同割"是铜锣烧外皮的基本做法，即鸡蛋、糖、面粉的用量相同。
将调好的面糊倒在平底铜锅上烤成圆形，两片一组，中间夹上糯软的馅料。
馅料一般是小豆和大纳言做成的粒馅，有的店铺也会用漉馅或其他馅料。
铜的导热性好，做铜锣烧除了平底铜锅，也可以使用熬煮馅料的铜锅。

艳袱纱

TSUYAFUKUSA (pancake pouch stuffed with bean paste)

一般来说，做面胚时要最后加入面粉，但做艳袱纱则不然。

先将面粉倒进水里，用"逆向搅拌法"洗出面筋然后在平底铜锅上烘烤，

直至表面烤出气孔。

角金锷

KAKUKINTSUBA (sweet beans in a thin wheat shell)

"金锷"得名于"刀之锷①",最初是圆形的。

现在的金锷则大多是方形,为了尊重出典,这里将它们称为"角金锷"。

小豆煮熟到仍看得出形状的程度,加入糖蜜渍,再加入寒天,待凝固后切成小块。

面粉调至糊状,给切好的小块均匀裹上面糊放在平底铜锅上,

烤至表皮透明看得到内馅为止。

---

① 刀的护手。

上 月饼

GEPPEI (moon cakes)

月饼是来自中国的点心。

在中国，人们赏月时会供月饼、吃月饼。

而日本的月饼和赏月关系不大，

个头一般也比中国的小一些。

下 桃山

MOMOYAMA (white bean and egg yolk cake)

用黄味馅做成面皮，入烤箱烘烤而成。

桃山表面纹样最初是模仿桃山城的桐纹。

面皮的可塑性强，除了桐纹，

也会做成其他纹样。

虎皮烧

TORAKAWAYAKI (tiger pancakes)

虎皮烧的基本配方和铜锣烧相同，只是烘烤时要在锅底铺一层纸。

烤好后把纸从面皮上撕下来时会留下虎皮一样的花纹，因此得名"虎皮烧"。

纸张厚度不同，形成的花纹也不同，非常有趣。

第三章

日本各地的传统和果子

干果子

　　果子有各种各样的分类方式，根据水分含量的不同可以分为"生果子""半生果子"和"干果子"。含水量在百分之三十以上的是生果子，在百分之四点六～百分之三十之间的是半生果子，而不足百分之四点六的就是干果子。

　　例如人们通常说的"本炼羊羹"，有时在制作过程中严格掌握时间，通过熬煮减少水分含量，做出的羊羹就是半生果子。而有时在熬煮上不花太多时间，做出来的羊羹比较柔滑，这就成了生果子。这样的分类方式有物理性依据，所以不难理解。

　　所谓干果子，就是水分含量较少、能存放较长时间的果子。前文虽提到水分要低于百分之四点六，但一般来说，水分含量低于百分之二十的半干果子，也叫做干果子。

干果子通常较小，一口一个，因此又有个别名叫"一口果子"。这类果子小巧玲珑、惹人喜爱，可以通过丰富的色彩来展现季节的风貌，经常出现在茶会等场合，一定程度上代表了高级华贵的和果子。

干果子也因做法不同有很多种类，比如"艳干锦玉""洲浜""石衣""打果子""寒冰""凤瑞""有平""云平""片栗物"等。

艳干锦玉，是在用寒天和砂糖一起煮制而成的锦玉中加入麦芽糖，将混合物倒入做羊羹的模具"流舟"中，得到厚度适宜的固体。脱模成应季物品的形状，最后放进烤炉烤至表面干燥微热。洲浜是将黄豆粉和砂糖混合，再加入求肥或寒梅粉，经常用于做"三色团子""栗""早蕨"等果子。

石衣是在并馅中加入砂糖熬煮后，混入麦芽糖做成，最后浇上用砂糖和麦芽糖调制的"摺蜜"。打果子则根据成品的不同，在和三盆糖、寒梅粉、麦焦粉、豆焦粉、栗粉等不同原料中加入砂糖，拌匀后填入各种形状的木质模具，脱模而成，如果再拌入山药，就成了"片栗物"。

寒冰是在寒天中加入砂糖熬煮，趁热过绢筛（一种眼很细的筛子），搅拌均匀后倒入羊羹流舟中。待凝固后，再用模具印刻出各种代表不同季节的形状。凤瑞则是寒天加入砂糖熬煮后再加入麦芽糖，充分搅拌后过绢筛，再与打发起泡的蛋清混合充分，倒入羊羹流舟中凝固。用模具印刻出代表不同季节的形状后撒上砂糖、寒梅粉或糯米纸的粉末，干燥后而成。

有平是砂糖加水熬煮，根据熬煮程度的不同，色泽也有所不同。有平本是南蛮果子，传入日本后以日本独有的技术精细加工，作为日本传统的糖果流传了下来。

云平则是在粉糖中掺入寒梅粉，再慢慢加入融化的明胶，搅拌均匀。根据做法的不同，硬度也有所不同。

云平也是做装饰果子不可缺少的原料。

　　以上所述都是一些非常基本的和果子种类和做法。以"打果子"为例,各地都有"打果子",但名字各不相同,所用材料和比例也略有差异。换言之,它们的基本做法和比例都大同小异, 只是因做的人不同, 味道和形状也略有不同, 和果子手艺人的技艺和用心也由此可见。

春天的干果子

右上 櫻 SAKURA (cherry-blossom)

寒冰制法。

用寒天、水和砂糖混合成蜜浆，

搅拌至蜜浆发白，倒入模具中凝固而成。

右下 花见团子 HANAMIDANGO (dumplings)

云锦制法。

在捣碎的山药中掺入砂糖和马铃薯淀粉揉匀，

染色后搓成球形串在竹签上，最后撒上糯米纸的粉末。

左上 水纹 SUIMON (ripples)

落雁制法。

砂糖中加入少量水和麦芽糖调成蜜浆，

拌入糯米粉，填进木质模具里压制而成。

左下 鼓 TSUZUMI (drums)

桃山制法。

黄味馅加入寒梅粉捏成鼓形，粘上黑芝麻后烘烤而成。

中间的凹陷处填入些许羊羹，再现赏樱时的情景。

夏天的干果子

右上 若枫 WAKAKAEDE (young maple)

艳干锦玉上覆以云平，用模具刻出枫叶的形状，
表现翠绿枫叶之感。

左上 玉帘 TAMASUDARE (bead curtain)

桃山的原料在竹帘上按压，印出纹理。
切成长方形后卷入石衣馅，烘烤而成。

中 紫阳花 AJISAI (hydrangea)

艳干锦玉染上绣球花的颜色，凝固后切成碎块。

右下 浜边波 HAMABENAMI (lapping wave)

有平糖制法。
将淡蓝色和白色的糖拉伸成水波的形状。

左下 矶边 ISOBE (on the beach)

和三盆糖落雁制法。
宛如河边的贝壳及螃蟹。

秋天的干果子

左上 红叶 KOYO (autumn leaf)
左下 松叶 MATSUBA (pine needles)
右上 枯叶 KAREHA (withered leaf)
以原糖制成。
将砂糖和寒梅粉混合，边搅拌边加水融合而成。

左上 银杏叶 ICHOU NO HA (ginkgo leaf)
黄味云平制法。
将砂糖和寒梅粉混合，边搅拌边加入蛋黄拌匀，
揉成团压平，脱模后放入烤箱中烘烤而成。

左下 松茸 MATSUTAKE (matsutake mushroom)
云锦制法。
取松茸之形，再涂上桂皮粉做成。

右下 栗之实 KURINOMI (chestnut)
栗落雁制法。

左下 松果 MATSUBOKKURI (pinecone)
右中 银杏果 ICHOU NO MI (ginkgo nut)
和三盆糖落雁制法。

以上，使用了五种不同素材，汇集了秋日的缤纷。

冬天的干果子

右上 寒椿 KANTSUBAKI (winter camellia)

红色炼饴（麦芽糖炼制的馅料）上以黄色炼饴点缀，
撒上落雁粉，压入木质模具中脱模而成。

右下 垣根 KAKINE (fence or hedge need to see picture)

黄豆粉落雁制法。

左上 薮柑子 YABUKOJI (marlberry)

将羊羹压薄后与原糖贴合，用模具压制出树叶的形状。
把砂糖染成红色点缀其上。

左下右侧 雪轮 YUKIWA (snowflake-shaped family crest)

凤瑞（寒天和打发的蛋清混合而成）制法。
雪轮就是雪的结晶。液体凝固后，用模具压出雪花的形状。

左下 小石 KOISHI (pebble)

加入黑芝麻的蜂窝糖制法。
熬煮后的糖浆中加入砂糖和蛋清，用擀面杖搅拌至膨胀。
表现细雪飞舞的冬日庭院景象。

传统的和果子 羊羹 最中

羊羹、最中都是很有代表性的和果子，它们在漫长的历史中成形，遍布于各地，且形成了当地的特色，在现代社会仍广受欢迎。

但是，以小豆、白芸豆、砂糖、寒天等为原料的果子为什么会被叫做"羊羹"呢？

关于羊羹，我们在"和果子的历史"一章中略有涉及，它由本是羊肉汤的"羊羹"发展而来。

羊羹，本是指羊肉煮的汤。但自佛教传入日本后，有了不在公共场合食肉的习俗，因此人们用面粉、小豆粉等植物性的原料做成羊肉的代替品加入汤汁中。

这些羊肉的替代物后来慢慢演化成了果子，原本的蒸果子慢慢演化成了蒸羊羹。到了江户时代中期，寒天出现并加到羊羹中，便诞生了现代所谓的炼羊羹。

羊羹由来已久，种类也很丰富。除了漉馅、小仓等代表性口味外，还有"白小豆""香橙""芝麻""红""黑糖""抹茶""栗""柿""山药""百合根""昆布"等，甚至还有"盐羊羹"，品种繁多，数不胜数。另外，羊羹的形状也十分多样，有圆形的"毬藻羊羹"，有的装在柱形容器里应季而做的"水羊羹"等，都是日本各地的代表性特产。

最中原本是干果子的一种。过去是没有馅的，后来，人们包入了馅料，就成了现在的最中。"最中"得名于其圆圆的形状，取十五的月亮是"最中之月"之意。

但随着时代的变迁，现代的"最中"有了许多其他形状，如梅花形、方形、圆柱形、椭圆形等。

最中的外皮有"焦种""白种""红种""抹茶种"等。

将糯米蒸熟后捣碎，做成柔软的米糕，再碾薄切开，放入模具压出形状后烘烤。烘烤后还是白色没有焦色的是"白种""红种"或"抹茶种"，而经过高温烘烤，表皮出现焦色的就叫"焦种"。

最中的馅也有很多种，有"小豆馅""小仓馅""莺馅""黑糖馅""白馅""芝麻馅""栗馅"等。北海道地区还有"昆布馅"。

也就是说，只要好吃，什么都能做成馅包进最中里。

做最中时须注意的是，表皮不能受潮。但由于馅料水分多，包好后会渗出表皮，非常容易受潮。

为了避免这种情况的发生，可在馅料里加入更多糖或把馅做得硬一点，但这会影响果子的口感。所以，想要做出馅料软硬适中、外皮酥脆的最中，就取决于每家和果子店铺的技艺和付出的心血了。

白小豆羊羹 (红)

SHIRO AZUKIYOKAN (jellied bean paste)

抹茶羊羹 (绿)

MACCHAYOKAN (jellied bean paste with green tea)

白馅中加入抹茶，就是抹茶羊羹。

白馅中加入蜜渍白小豆，就成了白小豆羊羹。

这里的白小豆羊羹中加入了红色的食用色素，所以呈浅红色。

小豆羊羹

AZUKIYOKAN (jellied bean paste with adzuki beans)

寒天由红藻提炼而来。

将红藻煮开，凝固后的固体就是琼脂。琼脂干燥脱水后就成了寒天。

平安时期人们就开始食用琼脂，但直到江户时代发明寒天后，才出现炼羊羹。

炼羊羹和从前的蒸羊羹口感迥异，很受欢迎。

在寒天中兑水加热溶解后，加入砂糖和馅料搅匀，

倒入模具中冷却凝固就成了炼羊羹。

使用小豆馅做成的羊羹就叫小豆羊羹。

最中

MONAKA (bean paste in a wafer shell)

最中的表皮是将米糕放入模具中烘烤而成的。

最早的最中是在白种的外皮中塞进馅料做成的圆形果子。

后来又发展出了各种形状、各种烤焦程度的最中。

各家和果子店都有自己原创的形状。

内馅也有溃馅、漉馅、梅子馅、抹茶馅、香橙馅等多种选择。

有时求肥也可做最中的馅料。

三种最中

THREE TYPES OF MONAKA (bean paste in a wafer shell)

最上 松（焦种）大纳言溃馅

右下 红梅（白种染色）梅子漉馅

左下 白梅（白种）白小豆溃馅

158

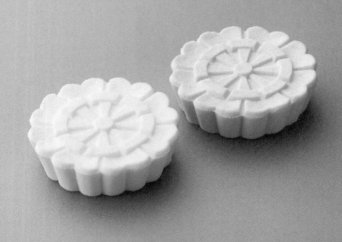

打果子（果名：御所车）

UCHIGASHI (molded c andies)

砂糖用水润湿，加入寒梅粉搅拌均匀，

填进不同形状的木质模具压制而成，依花样不同染上相应的颜色。

不染色的叫做"白"。花样不同的打果子名字也不同。

押果子（果名：菜田）

OSHIGASHI (pressed candies)

馅料中加入砂糖，再加入上南粉、寒梅粉搅拌均匀，

填进模具中压出形状取出。

押果子和打果子一样可以染上一种或多种颜色，以断面展现简单外形。

根据颜色的不同变化果名。

"包"的文化

说到"包",我想起了四十五年前第一次出国的经历。

当时，出国多次的前辈们众口一词地告诉我，"日本没有给小费的习惯，国外却有"，不管是乘出租车、住酒店还是去餐厅吃饭，都要给小费。

那时，我就觉得"日本没有给小费的习惯"这一说法听起来不太对劲。

其实，日本自古以来就有给小费的习惯。得到店里伙计的服务，或受惠于人时，都会给小费。

只是，给小费时并不是直接支付现金，而是把零钱用纸包好以后递给对方。包好的零钱叫"御捻"。日本给"御捻"的习惯自古有之。

这大概是不想太过直接的慎重表现吧。

忘了在哪一本书中看到过，"包"的词源就是"慎重"，是为了不表现得太过直白，而将心意加以包裹的意思。当时我就觉得这一说法切中了日本人的内心，因此印象深刻。

那么，和果子又是如何体现这一点的呢？

我曾戏言："洋果子是'堆叠'的文化，而和果子是'包'的文化"。

对于洋果子，无论是巧克力还是水果，都是一层一层地往上堆叠，花枝招展。

而和果子美味的源头"馅"，则被包在里面。栗馅也好，梅子馅也好，几乎都是从外面看不到的。

这么说可能不太准确，正因为馅是包在里面的，才有了和果子独特的味道。

也有很多和果子是没有馅的。例如九州特产的果子之一蒸果子"轻羹"（现在日本各地都有销售），就是无馅的。

"轻羹"的原料只有米粉、山药和砂糖，米粉和山药幽幽的芳香正是其特点。

同时，被称之为"和果子之魂"的豆馅，当小豆中的馅粒子和砂糖融合时，会产生入口即化的独特口感。馅也可以调成"汁粉"等食用，或者做成"馅玉"。

轻羹裹入内馅，就成了"轻羹馒头"。轻羹馒头将沉静的轻羹和入口即化的馅料融和在一起，创造出了特有的全新口感。

因为包在里面的馅料是看不见的，一口咬下去，两种味道交绕融合，堪称绝妙。

和果子的味道，大多需要被称为"种"的外皮和包在里面的馅互相配合才够完整。

正月里的"花瓣饼"来源于宫中正月祭祀时使用的"菱葩"。透过外皮可以看到隐约透出的淡红色，十分精致。它的馅也是有由头的。

圆形白米糕用小豆汁染色，覆以切成菱形的米糕，中间嵌入味增馅，意指用味噌调味的杂煮。然后在菱形米糕上搁上煮熟的甜牛蒡，象征新年"齿固"祭祀时祈祷长寿用的盐腌香鱼。

对应阴阳中天圆地方的说法，菱葩的红白两色也象征着天地。这小小的花瓣饼中，居然包裹着整个宇宙！

还有一种果子叫"子持馒头"。

这是一种直径有十五厘米的大馒头。切开馒头，能看到颜色漂亮的馅里还藏着三个小馒头。它代表了人们对子嗣繁荣的美好愿望，经常用在婚庆等仪式中。

在看不见的地方，和果子也蕴含了各种寓意和祝愿。将美味包裹在内，融合出了独特的味道。

这就是日本独有的"包"文化。

传统的和果子 大福 馒头

馒头是蒸果子的一种，非常具有代表性。馒头来自于中国，从前是把调过味的羊肉或者猪肉等包上面皮。名字除了"馒头"，也有"蛮头""蔓头""包子"等写法。其词源是"蛮头"。

《三国志》里著名的蜀国丞相诸葛亮剿灭蛮国后班师回朝，途中经过泸水时河水泛滥，大军无法渡过。诸葛亮听说只要割下人头供奉给河神，就能让河水不再泛滥。但他不愿做这样野蛮的事，就用面粉做成外皮，包入羊肉，做成人头的样子供奉给河神，成功地让大军渡过了泸水。这就是"蛮头"的传说。

馒头有着悠久的历史，因此种类繁多。

首先，馒头有蒸有烤。

蒸馒头是包入内馅后上锅蒸熟而成。馅料多种多样，有漉馅、溃馅、小仓馅、白馅、红馅、金时馅、鹌鹑馅、栗馅、核桃馅、芝麻馅、香橙馅、抹茶馅、味增馅等。有的也会直接把整颗栗子、梅子等包在里面。

面皮则可掺入黑糖、黄豆粉、味噌、艾草、炒麦粉等，用上用粉做便是"上用馒头"；荞麦粉做就成了"荞麦馒头"；用山药的松软做出"山药馒头"；利用酒糟发酵膨胀可以做成"酒馒头"，面里加入清酒便是"清酒馒头"；还有用葛粉做成的"葛馒头"等。

根据馒头的原料和做法，可以细分成三十多个种类。用烤箱做的烤馒头也分很多种，如栗馒头、卡斯提拉馒头、东馒头等。

各地馒头的大小和形状各有不同，所谓当地独一份的"某某馒头"也是数不胜数。可以说，正是各地不同的风俗、特色和文化，造就了多种多样、种类繁多的和果子。

大福是日本最古老的加工食品，也是用和果子的原点之一——米糕做成的代表性和果子。

关于大福饼，在《宽政纪闻》中有这样的记载："大福饼（略）很流行。是马夫等下贱之人的食物，不过是略加工过的腹太饼罢了。"由此可见，大福饼是由腹太饼演变而来的。

腹太饼，相传是明和末年至安永元年（一七七一至一七七二年）间，由家住江户小石川的一位叫阿玉的女性发明。她在白米糕中包入馅料出售，不过那到底是腹太饼还是大福饼尚不能确定。不管叫什么，当时砂糖很昂贵，供应也不充足，因此当时的馅料估计是咸馅。

后来慢慢有了甜馅，"草大福"等种类也陆续出现。撒上红豌豆的"豆大福"的出现则要更晚。

大福饼是米糕果子，所以当天吃不完就会变硬。把变硬的大福饼烘烤后就是令人爱不释手的美味"烤大福"。明治、大正时期，甚至到了昭和初期，大福也是一种烤过以后才能吃的果子。

时代在变，为了让做好的大福饼保持柔软，人们花了许多工夫，以至有的大福饼甚至一烤就会融化。但也有不少大福饼一直沿用了老方法，烘烤后十分好吃，请一定要尝一尝。万一大福饼的表皮烤化了，只要重新上锅一蒸，就能恢复刚出锅的好味道了。

豆大福

MAMEDAIFUKU (stuffed rice cake with beans)

江户时代有包着咸馅的米糕果子，状似鹌鹑，因此得名"鹌饼"。

在鹌饼的馅里加入砂糖，就成了"腹太饼"，再后来，腹太饼成了"大腹饼"，

又因为比起"大腹"，"大福"的叫法更讨喜，所以就改叫"大福饼"并延续至今。

豆大福就是在白米糕中加入红豌豆，一年四季都可以吃到。

蓬大福

YOMOGIDAIFUKU (stuffed mugwort rice cake)

和左页的果子属一种大福。

在包裹馅料的米糕中加入艾草汁，就是"蓬大福"（也叫草大福），

主要在春天食用。

山药馒头

JOYOMANJU (bean-paste bun prepared with grated Chinese yam)

用山药做成的蒸馒头。

山药去皮，刨成细丝，加入砂糖和上用粉揉制而成。

芋香浓郁，白色典雅，是茶会上的高级和果子。

柚子馒头、薯馒头、土笔（织部馒头）等，都是山药馒头衍生出来的。

茶馒头

CHAMANJU (brown sugar bun)

和黑糖馒头、利久馒头、大岛馒头等一样都是蒸馒头。

面粉中和入了黑糖，充满了黑糖的味道。

也会用蜂蜜、味淋、酱油等调味。

内馅一般是滩馅，有的也会用溃馅。

后记

和果子是发展千年的日本食文代表之一。

并非所有历史中发展起来的东西都能留传下来。多样化的饮食习惯和流通手段、冷冻技术的进步等对我们的饮食产生了很大的影响，导致曾经每条商店街都不可或缺的豆腐铺、蔬果铺、鱼铺、肉铺等大多都不见了踪影，它们被以超市为代表的大型零售店所取代。

不仅如此，许多传统的商店陆续关门，各地的商店街都变得冷清萧条。

在这样的背景下，和果子店却还能维持营业，这是为什么呢？我想是因为和果子特有的个性牢牢抓住了食客们的心。

绘画、写字、做人偶、做工艺品……手工做的东西上都凝聚着手艺人的个性。和果子同样如此。这里所说的个性，并非标新立异、做出世间罕见的东西，而存在于羊羹、最中、馒头这些谁都见过、谁都吃过的普通和果子中。看似相同的馒头，因为制作者不同，而呈现出不尽相同的颜色、形状、味道，充分展现了个性。

这种个性决定了大规模批量生产经营的和果子店无法席卷整个市场，从而给小规模的和果子店留下了生存的空间。

这其中，有每一家和果子店及每一位和果子手艺人的骄傲，有技艺的传承。

这种以提升技艺为目的的传承，对日本食文化代表之一的和果子来说，是非常重要的。基于这种理念，日本和果子协会会举办全国范围的"选·和果子职"活动，对最具传统性的和果子手艺和最优秀的和果子手艺给予认证。

前来挑战的手艺人，有很多都是经验丰富的老师傅。但评判标准极其严格，只有百分之十五至百分之十六的人能获得认证。不过前来参加挑战的手艺人却始终络绎不绝。

法国、意大利料理的主厨、西点师和甜点师等都会把自己的名字标在作品上，从而传播自己的名望。

而和果子手艺人即使不冠以自己的名字，只要自己店里的果子受人欢迎，就会很高兴，默默地在内心得到满足。我觉得，这也反映了日本人特有的一个精神侧面。

但是，这种情况不会一直不变。总有一天，和果子的世界里也会出现冠名的果子吧，这样也能在一定程度上提升和果子手艺人的地位。

本书收录的和果子，都是由两位有卓越技艺并担任"选·和果子职"评委，以及在第一届"选·和果子职"评选中获得"优秀和果子职"认证的两位手艺人为本书特别制作的。

设立对和果子手艺人技艺认证体系只是一个例子，这对传统的和果子行业来说，可以敦促每一位手艺人保持进取精神、发挥创造性，在继承传统的同时，开发出新的品种和味道，让和果子文化发扬开来并传承下去。

图书在版编目(CIP)数据

和果子／(日)薮光生著；虞辰译.−北京：新
星出版社，2016.11
ISBN 978−7−5133−2279−9

Ⅰ.①和… Ⅱ.①薮…②虞… Ⅲ.①糕点－文化－
日本②文化研究－日本 Ⅳ.①TS213.23②G131.3

中国版本图书馆CIP数据核字(2016)第203539号

和果子

(日)薮光生 著
虞辰 译

内文摄影 阿部浩
责任编辑 汪 欣
特邀编辑 薛茹月 侯晓琼
装帧设计 韩 笑
内文制作 王春雪
责任印制 廖 龙

出　　　版 新星出版社 www.newstarpress.com
出 版 人 谢 刚
社　　　址 北京市西城区车公庄大街丙3号楼　邮编 100044
　　　　　 电话 (010)88310888　传真 (010)65270449
发　　　行 新经典发行有限公司
　　　　　 电话 (010)68423599　邮箱 editor@readinglife.com
印　　　刷 北京中科印刷有限公司
开　　　本 800毫米×1120毫米 1/32
印　　　张 6
字　　　数 92千字
版　　　次 2016年11月第1版
印　　　次 2016年11月第1次印刷
书　　　号 ISBN 978−7−5133−2279−9
定　　　价 45.00元

著作权合同登记图字：01-2016-4867